神奇动物在哪里

青蛙

[法] 卡蒂·佛朗哥◎著

杨晓梅◎译

U0171955

吉林科学技术出版社

无尾目动物

青蛙、蟾蜍、树蛙都属于无尾目动物。这一类动物一般体形很小，呈圆形，没有尾巴，眼睛凸出。生命从水中开始，在陆地上度过成年后的时间。它们与有尾目和蚓螈目共同组成了滑体亚纲。无尾目下有超过3500种生物，遍布在除南极与格陵兰岛以外的所有大陆。

青蛙

通常生活在水边（池塘、河流、沼泽等），擅长游泳，一般以跳跃的方式移动。有些种类的青蛙主要在陆地生活，只有繁殖时才回到水里；有些种类则生活在树上。

皮肤

青蛙的皮肤光滑、没有毛发。皮肤会分泌一种黏液，保持皮肤湿润，避免身体过于干燥。另外，青蛙的皮肤还能保证它们长时间待在水中或在水下冬眠时依然可以吸收水里的氧气。有些青蛙还能分泌毒液，赶走捕食者。

青蛙是跳远冠军，它们的后腿纤长且肌肉发达，可以跳出很远的距离。其中跳得最远的是霸王蛙。

青蛙的歌声

在繁殖的季节，雄性无尾目动物会用"歌声"来吸引雌性。为了让鸣叫声更响亮，大部分雄性会鼓起位于嘴巴两边或喉咙上的声囊。

听觉与视觉

青蛙的听觉十分灵敏，可以捕捉到非常细微的声音。它没有外耳郭，两个圆形鼓膜位于头部两侧。很多动物的眼睛凸出是为了在水中也可以看清周围的一切，但无尾目动物只能看见移动的物体。

完美的陷阱

捕捉猎物（主要是昆虫）时，青蛙会射出又长又厚的舌头，把猎物黏住，然后立刻吞下，没有咀嚼的步骤。

游泳高手

有些青蛙大部分时间待在水里，这也是为什么它们的后掌有蹼（脚趾之间有一层薄膜相连），这样它们可以轻松快速地在水里移动。

"蛙泳"就是模仿青蛙的泳姿，由后腿来推动身体在水中前进。

林蛙

青蛙和蟾蜍如何分辨?

蟾蜍比青蛙体形更大,后腿更短。不同种类的蟾蜍行动方式也不同,有跳的,有走的,甚至还有跑的。蟾蜍的皮肤干燥,上面有许多疙瘩,皮肤颜色有暗色、灰色或棕色,也有砖红色或绿底红点。

蟾蜍一般生活在陆地上,只有繁殖期才去水里。它经常出没于灌木丛、草原、花园等潮湿的地方。它的皮肤比青蛙更厚,所以对干燥环境的抵御力也更强。

大蟾蜍

白天的蟾蜍

蟾蜍是一种夜行性动物,但也有一些品种在白天活动。白天它们一般会躲在石头、树干或其他遮蔽物下,远离阳光与捕食者。夜幕降临,它们出来活动,寻找昆虫、蜘蛛或蜗牛,舌头是它的捕猎武器。

威慑性武器

蟾蜍的眼睛后方有两处凸起的鳃腺,可以分泌刺激性液体,迫使咬住它们的捕食者松口。左侧的这只小蟾蜍对蛇摆出了防御姿势,它吸气,让自己看上去体形更大,将鳃腺对准敌人,这是一种威吓敌人的方式,虽然它并不能真的分泌毒液。

树蛙

树蛙体形苗条，四肢纤长，它们大部分时间都待在树林、灌木林或高草丛中。为了能牢牢地停在上面，它的脚上长着吸盘式的结构。树蛙是杂技高手，通常只有交配时才回到水里。

欧洲树蛙体长约为3～4厘米。广泛分布于整个欧洲大陆，生活在靠近水塘的树林或芦苇中。

叶泡蛙是一种原产南美的可爱动物，生活在亚马孙热带雨林地区。

变温动物

无尾目动物的体温不是恒定的。它们会根据环境湿度调节自身体温，进行自我保护，避免酷热或严寒。在冬季寒冷的地区，无尾目动物会冬眠，藏入水下的淤泥中、躲入洞穴或落叶下。

抵御干旱

与其他滑体亚纲下的动物一样，无尾目动物也需要水分，避免脱水，但有些种类可以在极端干旱的气候下存活。右图中的南非牛蛙可以在皮肤表层制作特殊的"茧"，作用是减少水分流失。它躲在泥土中，在地下生活数月，等候下一场降雨。

求偶的季节

　　无尾目动物中的绝大部分动物在水中繁殖，通常一年一次，但温度适宜时也会繁殖2～3次。在温带地区，繁殖期从冬末开始；在热带地区，则从雨季开始。青蛙、蟾蜍、树蛙们会成百上千地聚集在水源附近进行交配繁殖。

不可思议的迁徙

　　在求偶的季节，无数青蛙、蟾蜍等寻找水塘完成交配与繁殖。它们大量聚集，冒着生命危险穿过马路，人们设置了路牌提醒驾驶员放慢速度，让青蛙顺利通过马路。有时，人们也会沿着道路铺设塑料布，阻止这些小动物穿过马路。当它们踏上塑料布时，会坠入下方的桶中。第二天早晨，志愿者们会将青蛙们集中起来，带到道路另一边放生。

婚曲

　　雄性无尾目动物的歌声构成了发情期的主旋律。不同种类的无尾目动物有各自独特的歌声，让雌性可以辨认出它们的伴侣。这些"歌曲"形式极为丰富，有时令人啧啧称奇。犬吠蛙的"歌声"让人想到犬吠，牛蛙的鸣叫则像牛的"哞哞"声，沼蛙的声音如同人的笑声，产婆蟾的声音则像长笛……

犬吠蛙
（美国东南部）

上图中的两只无尾目动物正在打架，争夺繁殖的领地。

产婆蟾
（欧洲西部）

沼蛙
（欧洲）

北美牛蛙

6

交配

大部分无尾目动物在水中交配。当雄性成功靠近雌性时，它会用四肢将对方缠住，抱住对方的颈部或腹部（不同种类方式不同）。雌性会逐渐排出未受精的卵子，雄性将精子洒在上面。受精卵发育后会孵化出蝌蚪。无尾目动物每次交配可产下几百到几千颗受精卵。

泡沫巢穴

有些生活在树上的青蛙将受精卵产在水面的树枝、树叶上。它们会分泌一种黏液，用后腿使劲搅拌，使其变成硬化泡沫，成为受精卵的保护膜，并让受精卵保持湿润。待受精卵孵化成蝌蚪后，蝌蚪会进入水中，继续成长。

无尾目动物的受精卵没有外壳，是被一层胶质包裹的，避免受精卵遭到感染、冲击，保持温暖、湿润。有些青蛙产下的卵呈紧凑的块状，可以漂浮在水面上或黏在水底。蟾蜍的卵呈串状，常围绕在水生植物上。

大部分无尾目动物产卵之后便完成了繁殖的任务，待受精卵自行成长。不是每颗受精卵都会变成蝌蚪。很多会被真菌感染或被狗鱼、鳟鱼、蛇、蝾螈等天敌吃掉……

7

不可思议的变态发育

在成长的过程中，无尾目动物会经历一次完全变态，从用鳃呼吸的蝌蚪变成可以脱离水生活的动物。不同种类从蝌蚪到青蛙的变态发育耗时不一，通常为2～4个月，气温太低会减缓蝌蚪的成长速度，耗时也会更久。

② 新生儿

刚出生的蝌蚪几乎一动不动，停留在胶质膜的碎屑旁，把碎屑当作食物。渐渐地，蝌蚪的尾巴成形了，可以开始游动。它的眼睛与嘴巴也慢慢发育出来，蝌蚪通过身体上的外鳃吸收水中的氧气。

① 孵化

捷蛙一次可产下450～1800颗卵，附在水边的植物上，在卵子内部发育出胚胎。在1～4周间，同一窝的蝌蚪都在相同时间孵化。蝌蚪们必须冲破用来保护它们的胶质膜，这个过程有时要花费一天时间。

③ 四周后

外鳃变成内鳃，隐藏在皮肤的皱褶下。体内渐渐发育出透明的四肢。蝌蚪长出了小小的牙齿，用来吃水藻和水生植物。蝌蚪的食量很大，所以成长的速度也特别快。

⑥ 捷蛙

这种欧洲常见的青蛙身材苗条，尖嘴，刚脱离水时体形很小（10～16毫米），2～3岁完全成熟后，体形会变大6倍。青蛙的寿命通常为10年。有些蟾蜍甚至可以活到20岁！

⑤ 小青蛙

8～12周后，青蛙的发育就基本完成了。它还有一条小尾巴，但很快就会消失。它经常浮到水面上，用肺呼吸新鲜的空气。

④ 半蝌蚪，半青蛙

随着蝌蚪的成长，四肢也开始渐渐出现：首先长出后肢，然后长出前肢。肺部也开始发育，同时鳃会渐渐消失。眼睛变得越来越大，嘴巴变大，尾巴一点点消失。

奇异多指节蟾的蝌蚪状态很奇特，体形是成年青蛙的3倍：蝌蚪的体长为22厘米，而发育成熟的青蛙只有5～7厘米。其实，它先疯狂地生长，再"缩小"是因为长长的尾巴会逐渐消失。当它离开水后，体形就不会有什么变化了。而其他种类的青蛙会继续生长，比蝌蚪时期更大。

龙虱（一种甲虫）和蜻蜓的幼虫一样非常凶猛，是蝌蚪的天敌。蜻蜓幼虫（右）会突然展开头部的两个钩子捕捉猎物。

奇异多指节蟾

模范父母

大部分无尾目动物会产下大量卵子，然后弃之不顾。但是，有一些无尾目动物对后代特别关心。由于产下的卵数量较少，它们会保护卵子及蝌蚪的发育，承担起监护、运送、喂养的责任，甚至为了保护卵子及蝌蚪而变成了"活巢穴"。

产婆蟾

雄性产婆蟾是非常负责任的父亲，它将卵串缠在后肢上，在3~8周间都背着它们行动，直到蝌蚪孵化，然后它会选择一处水源放掉蝌蚪。

欧洲大部分地区都有产婆蟾分布。雌性一次会产下15~80颗卵。雄性可能会背上好几只（最多4只）雌性的卵串。

伟大的母亲

左图是一种澳洲青蛙，因人类的捕猎与破坏生态行为于2001年灭绝。雌性在生产后会用一种极为特殊的方法保护受精卵：将它们吞下去！受精卵及蝌蚪在雌性的胃中发育。在此期间，它会停止一切进食。直到6~7周后，它再将发育成熟的小青蛙们吐出来。

绝妙的藏身处

蝌蚪孵化后，草莓箭毒蛙会将它们一只一只背起①，运到凤梨科植物（一种附生在其他树上的植物）高处积水的叶片中②。这里远离危险，蝌蚪可以无忧无虑地成长。母亲会定期回来喂养它们，食物是产下的未受精的卵子。

"母鸡"父亲

在产下卵子后，雄性达尔文蛙会肩负起监管的责任，一旦看到内部的胚胎开始活动，它会立刻用舌头缠住卵子，放入自己的声囊中，保护受精卵安全无虞地孵化，蝌蚪可以顺利地完成变态发育。因此，它的声囊也会膨胀得特别大，最后5~19只小青蛙将从父亲口中出现。

负子蟾的卵

负子蟾是一种长相奇特的水生蟾蜍。它们的身体平坦，眼睛很小，在一颗颗产下卵子后（一次60~100颗），由雄性将受精卵放到雌性的背上。卵子会嵌入背上的一个个小洞中，远离危险。3~4个月后，卵子孵化出小蟾蜍。它们离开母体，自由自在地游动起来。

防御的方法

面对天敌，无尾目动物有自己的方法。很多无尾目动物利用自己的敏捷身手，大跳逃走或潜入水中。蟾蜍可以以极快的速度钻入地下。有些则分泌毒液，吓唬对方，或者使用一些花招。大部分无尾目能"隐身"在周围环境中，很难被发现。

伪装高手

很多无尾目动物都有特殊的皮肤色彩、花纹或外形，可以很好地融入自然环境中，让天敌很难发现。上图中的东方铃蟾大部分时间都待在水里，隐藏在浮萍之中。

下图的三角枯叶蛙分布于东南亚地区。它是一种地栖蛙，生活在湿润的热带雨林。它那拥有独特外形与颜色的皮肤上遍布了花纹，让它可以完美地伪装成落叶。

上图的越南苔藓蛙生活在越南河内北部潮湿的高山地区。它奇特的皮肤让人联想到苔藓与地衣。只要待在石头或树干上，捕食者几乎无法发现它的存在。

危险的颜色

在热带雨林，有些体形很小的蛙类（体长2~4厘米）色彩极为鲜艳，这是为了警告捕食者它们是有毒的。最危险的蛙类会分泌一种可怕的毒液，即箭蛙毒素，这种毒素甚至可以毒死一个人！几百年来，亚马孙雨林的原住民将这种毒液抹在他们的箭上。

威胁

面对捕食者，大蟾蜍采取的是恫吓策略：它努力吸入空气，让身体膨胀，撑起四肢，把脑袋缩进去。这招对有些捕食者（如狐狸）完全不奏效，但可以吓跑蛇。

出奇制胜

这种蛙背上的花纹像一双大眼睛。它放松时，图案会被后肢遮住。一旦受到威胁，它会立刻显现出这双可怕的假眼。这一奇招可以为它争取到逃跑的机会。

多彩铃蟾

面临危险时，这种色彩黯淡的小型蟾蜍会挺起胸膛，露出橙黄色的腹部，警示跃跃欲试的猎食者自己并不是好惹的。它的皮肤可以分泌毒性很强的液体。

猎手与猎物

青蛙与蟾蜍是食肉性动物，它们的胃口很大，很多昆虫都是它们的口中餐。它们的天敌也很多，蛇、水鸟（鹳）、猛禽、蝙蝠、小型哺乳动物（刺猬）与其他无尾目都是它们的敌人。

捕猎

在捕猎时，无尾目动物有极佳的耐心。它们可以几个小时一动不动，等待猎物进入它们的攻击范围。下图的青蛙发现了一只蜻蜓：它展开弹簧般的后肢，朝猎物扑去，同时伸出舌头，将蜻蜓紧紧抓住，最后一口吞下。

餐桌

大部分无尾目动物的菜单上有昆虫、蜘蛛、蜗牛、蚯蚓等。体形较大的还可以捕捉老鼠、蛇，甚至是鸟。当一只青蛙或蟾蜍吞下食物后，会闭上眼睛。眼球会进入口腔内，压住食物，让食物更顺利地进入咽喉。

下图的牛蛙原产于美国，但已经出现在法国等许多国家，成了棘手的入侵物种。它性情凶猛，携带的一种真菌可以杀死其他蛙类，对该地区的生态平衡构成了威胁。

牛蛙不仅吃昆虫，还吃蛇类、啮齿类、蝙蝠和其他蛙类，甚至还有小鸭子。

青蛙的舌头能精准地捕到飞行中的猎物。

致命之爪

无尾目动物是灰林鸮、雕鸮、鹰等大部分猛禽的盘中餐。这些猛禽视力绝佳，一旦发现猎物，立刻俯冲，用锐利的爪子将其抓住。

可怕的捕食者

在热带地区，许多蝙蝠都爱捕食蛙类，它们经常在青蛙繁殖期间大饱口福。为了在黑暗中确定猎物的位置，蝙蝠会利用类似潜水艇使用的那种声呐技术，发出超声波（人类听不到的声音，遇到物体会反射回来，像回声一样）确定猎物位置。这样一来，蝙蝠在黑夜中也能发现青蛙，大吃一顿了。

爬行的敌人

蛇是青蛙与蟾蜍的天敌之一。蛇将猎物生吞，或者用毒牙穿透猎物的皮肤，射入毒液。右图中，一只林蛙被水蛇咬住了。水蛇有优秀的视力，用舌头捕捉猎物的气味。它还能通过地面、空气或水中的振动波来确定猎物的位置。

蛇与蛙

15

神奇的青蛙

黄带箭毒蛙

小丑箭毒蛙

选美皇后

　　有些青蛙的皮肤颜色丰
富：亮红、柠檬黄、宝蓝、金
橙……如同调色盘一般绚烂多
彩。它们是生活在中南美洲湿
润热带雨林地区的箭毒蛙属与叶
毒蛙属，也有来自马达加斯加的曼
特蛙——鲜艳的色彩反映了它有毒的本
质。与其他无尾目动物一样，这些蛙类
的色彩也是源于皮肤上的色素细胞，通过
与光线的混合、反射，产生了多样的色彩与
显眼的花纹。

红背箭毒蛙

巴伦曼蛙

金色曼蛙

金色曼蛙皮肤的颜色与
质地很像橘子皮。

小丑箭毒蛙

亚马孙箭毒蛙

钴蓝箭毒蛙

泼彩箭毒蛙

滑稽的头部

上图中的小树蛙鼻子和嘴很像鸭嘴，非常引人注意。旱季时，它会躲入树洞中，用头部堵住洞口。这个小妙招不仅使它的身体保持与洞内相同的湿度，还可以躲开敌人。它主要生活在墨西哥与中美洲地区。

最小与最大

世界上最小的青蛙身长不到1厘米，可以站在人类的指甲盖上，最近发现的一种蛙类身长只有7.5毫米。体形最大的是非洲巨蛙，四肢展开的长度可达30多厘米，重量约为3千克。和它相比，美洲巨蟾蜍，身长约20厘米，重量为600克，也变成了小个子。

非洲巨蛙生活在中非的热带森林中，那里的人们经常捕杀这种巨蛙作为食物。非洲巨蛙还是跳远和跳高高手，可以跳出10米远，3米高。

17

玻璃蛙

这种树栖的青蛙生活在中南美洲的热带雨林里。名如其"蛙"，它的皮肤没有色素，看上去像不透光的毛玻璃。有些蛙类的皮肤极为透明，能看清内部的骨骼与器官。

"吃豆人"蛙

它的大嘴巴让人联想到1980年风靡一时的"吃豆人"游戏的主角。这种蛙性情凶猛，以昆虫、蚯蚓为食。生活在南美洲的热带雨林中。

紫蛙

这种2003年在印度发现的奇怪蛙类，有尖尖的鼻子，全年基本都躲在地下，只在雨季来到地面上繁殖。它是真正的"活化石"，是一种从恐龙时代便存在的滑体亚纲动物。

飞蛙

飞蛙生活在东南亚的森林中。当危险降临时，它会立刻跳向空中，展开爪子上的蹼，在树与树之间滑翔。它可以以这种方式移动15米。

飞蛙带蹼的爪子像降落伞，让它可以控制滑翔的速度。

右图中的雄性与雌性番茄蛙生活在马达加斯加岛上。

番茄蛙

这种蛙很受收藏者的欢迎，一直是国际蛙类贸易中的宠儿。如今，它已经成为保护动物。图中较小的是雄性番茄蛙，它的色彩与体形通常都不如雌性显眼。

壮发蛙

这种陆栖蛙分布在喀麦隆、赤道几内亚与尼日利亚等地。雄性身体侧边与大腿上有毛发状结构，所以它有"毛毛蛙"的俗名。与其他蛙类透过皮肤呼吸一样，这种毛发状结构增加了皮肤面积，可以在水中吸收更多的氧气，在水里待更长时间。在繁殖期，雄性会守在水底的受精卵旁，直到孵化出蝌蚪为止。

其他滑体亚纲

　　与青蛙、蟾蜍相似，蝾螈类、水蜥类的生命也是从水中用鳃呼吸的幼体开始，成熟后来到陆地上生活的。它们属于有尾目，成年后依然保留尾巴，而无尾目动物在蝌蚪时期的尾巴成年后就消失了。人们习惯将蝾螈科分为主要在陆地上生活的蝾螈与主要在水中生活的水蜥两大类。

蜥蜴还是蝾螈？

　　人们经常分不清蜥蜴与蝾螈，因为它们都有细长的身体，短小的四肢与长长的尾巴。不过，只要认真观察，其实很容易分辨。蝾螈的皮肤光滑、湿润、闪亮，而蜥蜴则覆盖着鳞片。蝾螈行动缓慢，动作笨拙；蜥蜴行动迅如闪电，通常有爪子，有利于攀爬。另外，蝾螈绝不会像蜥蜴那样晒太阳取暖，因为它必须保证皮肤的湿润，通常只在夜间出来活动。

阿尔卑斯黑蝾螈

火蝾螈

　　这种体长20多厘米、黑黄相间的漂亮蝾螈广泛分布于欧洲地区。它们经常出没于靠近水源的树林间。白天，它会隐藏在树根的凹洞里或落叶下，夜晚降临时开始觅食。它们不会游泳，在陆地上交配。它们的幼体孵化出来后会被雌蝾螈放到水中。

　　火蝾螈的皮肤能分泌一种毒液，吓退捕食者。如果你不小心摸了它，一定不要揉眼睛！

火蝾螈

勒氏真螈

蝾螈的食物

蝾螈主要以昆虫、蚯蚓、蛞蝓、蜗牛与其他小型无脊椎动物为食。它们用舌头和嘴巴来捕捉猎物。

树栖蝾螈

大部分蝾螈生活在地面上，但有一种（上图）却适应了在树上生活，一年中绝大部分时间待在树上。它们的足上有蹼，可以黏在树枝上，长长的尾巴还可以环绕在树枝上，让它不用为平衡担心。

长不大的宝宝

墨西哥钝口螈体长20厘米，周身呈粉红色，鳃为红色、长有长毛，是一种无法完成变态发育的蝾螈。它们无法分泌足够的生长激素来完成发育。不过，虽然它终身保持着幼体形态，但还是可以繁殖的。

蝾螈中的大个子

中国大鲵平均体长约1米，有的可以长到1.8米，相当于一个成年男子的身高。它们生活在淡水中，由于生态环境遭破坏，它们已经濒临灭绝。另外，它们的肉味道鲜美，因此常被盗猎食用。它们的叫声很像小婴儿的啼哭，因此又名"娃娃鱼"。

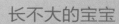
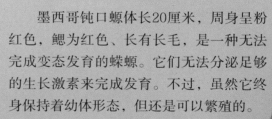

水蜥

　　它们与蝾螈很相似，但尾巴不是圆柱形，而是扁平的，如同船桨。有些种类的水蜥皮肤也十分粗糙。它们生活在潮湿的地方或静水地区（水坑、池塘、沟渠等）。有些种类大部分时间待在陆地上，其他则更多待在水中。它们以昆虫与无脊椎动物为食。在水下，它们还会吃蛙类的卵。

精心准备的求偶舞

　　在发情期，有些雄性水蜥会"发大招"来吸引雌性的注意力，冠欧螈便是其中的佼佼者。繁殖季来临时，它们的背与尾上会长出奇特的鳍。一旦发现雌性，它便会立刻在对方面前跳一曲热情的舞蹈（如下图）：摇动尾巴，扭动身体，轻轻碰触对方的鼻子，同时散发出极其诱人的气味。在这么猛烈的追求下，雌性只能拜倒在对方的魅力之下了。

为了躲避天敌（鼩鼱类、鸟类、蛇类等），大部分蝾螈的皮肤都可以分泌出有毒或味道可怕的液体。右图中分布于美国的粗皮渍螈摆出了防御的姿势，露出腹部鲜艳的橙色，试图震慑敌人。如果尾巴被抓住，大部分蝾螈都可以断尾逃走，之后尾巴会再长出来；有些则会"装死"，让敌人失去兴趣。

蚓螈目

滑体亚纲下的这一类动物共有160余种。它们没有四肢，形似蚯蚓。但头部更尖，有骨骼和牙齿，而蚯蚓是没有这些的。它们的体长为8～150厘米不等，生活在热带地区松软潮湿的土壤中，也有几种完全生活在水中。右图中，一条蚓螈正在捕食蚯蚓。

鳗螈

鳗螈也是有尾目的一员，终生待在水中。它们有非常细小的前肢，没有后肢。它们在夜里非常活跃，以甲壳类、昆虫、蜗牛与小鱼为食。美国与墨西哥北部之间的沼泽、河流与湖泊都有鳗螈分布。它们的体长为30～100厘米。

LES GRENOUILLES
ISBN：978-2-215-11462-8
Text: Cathy FRANCO
Illustrations: Marie-Christine LEMAYEUR, Bernard ALUNNI
Copyright © Fleurus Editions 2012
Simplified Chinese edition © Jilin Science & Technology Publishing House 2021
Simplified Chinese edition arranged through Jack and Bean company
All Rights Reserved

吉林省版权局著作合同登记号：
图字　07-2016-4669

图书在版编目（CIP）数据

青蛙 / （法）卡蒂·佛朗哥著 ； 杨晓梅译. -- 长春:
吉林科学技术出版社，2021.1
（神奇动物在哪里）
书名原文：frog
ISBN 978-7-5578-7818-4

Ⅰ. ①青… Ⅱ. ①卡… ②杨… Ⅲ. ①黑斑蛙一儿童
读物 Ⅳ. ①Q959.5-49

中国版本图书馆CIP数据核字(2020)第206670号

神奇动物在哪里·青蛙
SHENQI DONGWU ZAI NALI · QINGWA

著　　者　[法]卡蒂·佛朗哥
译　　者　杨晓梅
出 版 人　宛　霞
责任编辑　潘竞翔　赵渤婷
封面设计　长春美印图文设计有限公司
制　　版　长春美印图文设计有限公司
幅面尺寸　210 mm×280 mm
开　　本　16
印　　张　1.5
页　　数　24
字　　数　47千
印　　数　1-6 000册
版　　次　2021年1月第1版
印　　次　2021年1月第1次印刷

出　　版　吉林科学技术出版社
发　　行　吉林科学技术出版社
地　　址　长春市福祉大路5788号
邮　　编　130118
发行部电话/传真　0431-81629529　81629530　81629531
　　　　　　　　　　　　81629532　81629533　81629534
储运部电话　0431-86059116
编辑部电话　0431-81629518
印　　刷　辽宁新华印务有限公司

书　　号　ISBN 978-7-5578-7818-4
定　　价　22.00元